BEI GRIN MACHT SICH IHR WISSEN BEZAHLT

- Wir veröffentlichen Ihre Hausarbeit, Bachelor- und Masterarbeit

- Ihr eigenes eBook und Buch - weltweit in allen wichtigen Shops

- Verdienen Sie an jedem Verkauf

Jetzt bei www.GRIN.com hochladen und kostenlos publizieren

Lars Wartenberg

Karsterscheinungen - Zu Entstehungsbedingungen, Formen und Merkmalen

GRIN Verlag

Bibliografische Information der Deutschen Nationalbibliothek:

Die Deutsche Bibliothek verzeichnet diese Publikation in der Deutschen National-
bibliografie; detaillierte bibliografische Daten sind im Internet über http://dnb.d-
nb.de/ abrufbar.

Impressum:

Copyright © 2004 GRIN Verlag GmbH
Druck und Bindung: Books on Demand GmbH, Norderstedt Germany
ISBN: 978-3-638-93744-3

Dieses Buch bei GRIN:

http://www.grin.com/de/e-book/31095/karsterscheinungen-zu-entstehungsbedin-
gungen-formen-und-merkmalen

RWTH AACHEN
- Geographisches Institut -

-

Hauptseminar Physische Geographie
- Geomorphologische Prozesse an ausgewählten
Regionen der Erde -

Karsterscheinungen

Lars Wartenberg

Inhalt

Abbildungsverzeichnis

1 EINLEITUNG

Karstlandschaften enthalten eine Vielzahl unterschiedlicher und außergewöhnlicher Landformen. Sie entwickeln sich dort, wo die Lösungsverwitterung von Gestein, insbesondere Kalkstein, besonders aktiv ist. Das trifft vor allem auch auf die dalmatinische Küstenregion (Nord-Jugoslawien) zu, die (namensgebend) *Karst* genannt wird (STRAHLER, 419). Karst ist ausserdem die deutsche Bezeichnung für das slowenische Wort „kras" (AHNERT, 311), was so viel wie „kahler steiniger Boden" bedeutet. Es beschreibt Kalksteingebiete mit unterbrochener oder dünner Bodenbedeckung, zahlreichen Senken (SUMMERFIELD, 148), unterschiedlich großen trichterförmigen Vertiefungen, Wannen, Schloten, unregelmäßig verteilten Hügeln (BRINKMANN, 180) und einem gut entwickelten unterirdischem Entwässerungssystem mit Höhlen, sowie allen Erscheinungsformen, die der Lösungsfähigkeit von Kalkstein zuzuschreiben sind (SUMMERFIELD, 148). Karstlandschaften fehlt eine normale Oberflächenentwässerung. Sofern Flussläufe überhaupt vorhanden sind, so sind diese zumeist sehr kurz (PRESS & SIEVER, 267). Die Entstehung und die Eigenschaften dieser Formen wurden erstmals in den Karstgebieten Sloweniens durch CVIJIC (1893) untersucht, auf den nicht nur die Sammelbezeichnung Karstformen, sondern auch die Namen einiger Formtypen zurückgehen (AHNERT, 311).

Diese Arbeit beschäftigt sich mit den vielfältigen Karsterscheinungen, deren Entstehung und Entstehungsbedingungen. Darüber hinaus werden Beispiele ausgewählter Regionen der Erde vorgestellt.

Abb. 1 Kluft- und Spitzkarren

(COLES, R.: www.cancaver.ca/karst.htm)

2 ENTSTEHUNGSBEDINGUNGEN

Karstformen sind gesteinsabhängige Formen. Entscheidend für die Formbildung des Gesteins ist dessen *Löslichkeit* (? 2.1.1). Der wichtigste exogene Faktor ist somit *flüssiges Wasser*, das ausreichend vorhanden sein muss. Die Entwicklung von Karst wird sowohl durch lange Trockenzeiten als auch Frostperioden behindert. Daher sind Karstformen am besten in ganzjährig feuchten Klimaten entwickelt. Eine weitere Voraussetzung für die Ausbildung von Karst ist die *Durchlässigkeit* des Gesteins. Auf dem Weg zum Grundwasser fließt das Niederschlagswasser durch die Klüfte und Poren in das Gestein und löst dieses. Außerdem ist eine hohe *mineralogische Reinheit* des Gesteins (? 2.1) notwendig, also ein möglichst geringer Anteil an unlöslichen Bestandteilen (AHNERT, 311).

2.1 KARSTGESTEINE

Es gibt drei Gesteinsgruppen, die leicht löslich gegenüber Wasser und wässrigen Lösungen sind: Salzgesteine (Evaporite), Carbonatgesteine und lösliche Silikatgesteine (PFEFFER, 7). Salzgesteine sind am löslichsten. Deshalb kommen sie an der Landoberfläche in humiden Regionen nicht vor. Selbst in ariden Gebieten bilden sie nur äußerst selten größere Gesteinskörper. Am häufigsten sind Karstformen auf Kalken, da Carbonatgesteine am weitesten verbreitet sind (AHNERT, 311). Die gesteinsbildenden Minerale sind vor allem Calcit ($CaCO_3$) und Dolomit ($CaMg(CO_3)_2$) (PFEFFER, 8). Kalkstein wird definiert als ein Gestein, das mindestens 50% $CaCO_3$ enthält, und kommt fast immer als Calcit vor. Gesteine, in denen mehr als 50% des Carbonats als Dolomit vorkommen, werden als Dolomit bezeichnet (SUMMERFIELD, 148) (? Abb. 2). Das Gestein wird zunächst durch chemische Verwitterung (Carbonatisierung ? 2.1.1) angegriffen und dadurch leicht löslich. Ein weiteres karstbildendes Gestein ist Gips, ein Hydrat des Calciumsulfats ($CaSO_4$ x $2H_2O$). Die Löslichkeit des Gipses erhöht sich mit einer Temperatur-Zunahme bis 37°C. Eine deutliche Verstärkung der Lösungsvorgänge wird auch die Anwesenheit von im Wasser gelöstem Salz hervorgerufen (PFEFFER, 7). Sandsteine sind in begrenztem Umfang, je nach chemischer Zusammensetzung, lösbar. Hier spricht man auch von Pseudokarst. Die Karst-ähnlichen Formen werden durch die langsame Quarz-Auflösung gebildet (SUMMERFIELD, 148). Granit ist ein Sonderfall, da Granit nur unter extremen Temperaturbedingungen lösbar ist und Granitkarst deshalb nur aus einzelnen Regionen in den Tropen bekannt ist (DUDECK).

Abb. 2 Die Einteilung der Carbonate

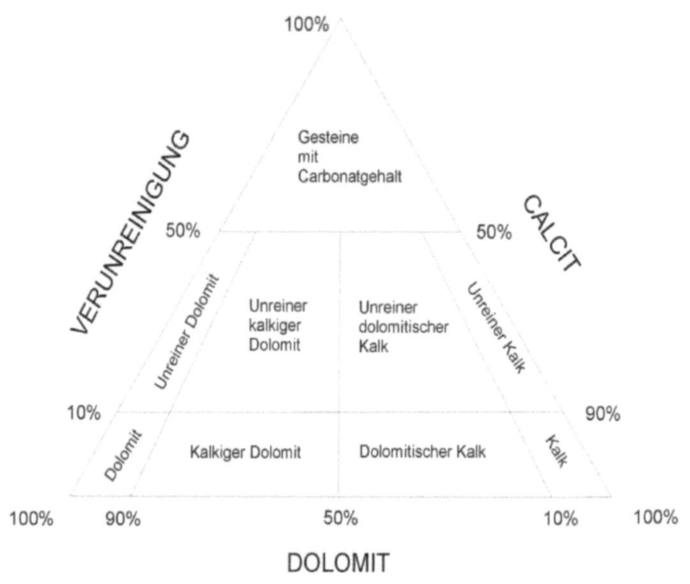

(nach PFEFFER, 9)

Zwischen reine
Kalkstein aus 100
Calcit und reine
Dolomit treten in d
Natur Gesteine auf, d
beide Komponenten
unterschiedlich
Verteilung ur
zusätzlic
Verunreinigunge
(Nichtcarbonatanteil
aufweisen. Sie werde
unterschiedlic
benann

2.1.1 CHEMISCHE PROZESSE BEI DER LÖSUNG VON CARBONATEN

Carbonatgesteine wie Calcit oder Dolomit gehören zu den in humiden Regionen am schnellsten verwitternden Gesteinen. So können sich in Kalksteinformationen Höhlen bilden, denn das Wasser im Untergrund löst große Mengen an Carbonatmineralien (PRESS & SIEVER, 126). Die Lösung von Kalk durch Wasser wird als *Korrosion* bezeichnet (ZEPP, 237 f.). Grundvoraussetzung dafür ist jedoch das Vorhandensein von gelösten Ionen und CO_2, das aus der Luft in das Wasser diffundier (PFEFFER, 9) und sich dort mit dem Wasser zu Kohlensäure verbindet (? Abb. 5):

$$CO_2 \text{ (gelöst)} + H_2O \; ? \; H_2CO_3$$

Die im Wasser gelöste Kohlensäure löst Kalkstein nach folgender vereinfachten Gleichung auf:

Calcit   + Kohlensäure ? Calciumion + Hydrogencarbonation

$$CaCO_3 + H_2CO_3 \quad ? \; Ca^{2+} \quad + 2HCO_3^- \qquad \text{(PRESS \& SIEVER, 126)}$$

Die Menge der in Lösung gehenden Carbonate hängt dabei vom CO_2-Gehalt ab (PFEFFER, 9). Die Korrosionsfähigkeit steigt mit dem CO_2-Gehalt. CO_2-haltiges Wasser kann $100 - 400$ mg $CaCO_3$/l lösen. Der Menge des CO_2, das in Wasser gelöst ist, hängt vom CO_2-Partialdruck der Bodenluft und von der Wassertemperatur ab. Ein weiterer, den CO_2-Gehalt mitbestimmender Faktor ist die mikrobiologische Aktivität des Bodens, die den Anteil des im Wasser gelösten CO_2 in gemäßigten Klimaten bis 3,5 Vol.-% und in tropischen Böden sogar bis 11 Vol.-% ansteigen lässt. Ab einer gewissen Konzentration der Calcium- und Hydrogencarbonat-Ionen stellt sich im Karstwasser ein Kalk-Kohlensäure-Gleichgewicht ein. Wasser, das den Sättigungspunkt noch nicht erreicht hat, ist weiterhin kalkaggressiv, also fähig Kalk zu lösen. Eine kalkübersättigte bzw. kalkgesättigte Lösung führt wiederum zur Ausfällung von Kalk. Dieser Vorgang wird als *Sinterkalkbildung* (? Abb. 3) bezeichnet und findet statt, wenn der Kohlendioxidgehalt des Wassers abnimmt. Ursachen einer CO_2-Abnahme können beispielsweise ein Temperaturanstieg oder chemisch-biologische Vorgänge im Boden sein; etwa Pflanzen, die dem Boden CO_2 entziehen (ZEPP, 238). Aufgrund der besseren Löslichkeit von Carbonatmineralien trägt die Verwitterung von Kalkstein insgesamt weitaus mehr zur chemischen Verwitterung auf dem Festland bei als die wesentlich weiter verbreiteten Silikatgesteine (PRESS & SIEVER, 127).

Abb. 3 Agua Azul - Sinterkalkterrassen in Chiapas, Mexico

(Borsdorf, http://www.lateinamerika-studien.at/content/natur/natur/natur-1188.html)

3 DAS ERSCHEINUNGSBILD VON KARSTLANDSCHAFTEN

In Gebieten, deren Gesteine hauptsächlich aus Kalkstein bestehen treten eine Reihe von morphologischen Erscheinungen auf, die im Zusammenhang mit der Löslichkeit von Kalkgestein stehen: der Karstformenschatz. Karstphänomene sind an der Oberfläche und unter Oberfläche zu beobachten (ZEPP, 240). Prinzipiell unterscheidet man ober- und unterirdische Formen. Beim oberirdischen Formenschatz unterscheidet man den sogenannten nackten Karst: Hier entstehen die Lösungserscheinungen im direkten Kontakt zwischen Gestein, Wasser und Luft. Vor bedecktem Karst spricht man, wenn die Lösung unter Vegetation und Boden stattfindet. Vom unterirdischen Karst her bekannt sind die Höhlen mit den Tropfsteinen, den von der Decke herabhängenden Stalagtiten und den Stalagmiten am Boden. Das Aussehen der Karstlandschaft kann im Einzelfall stark differieren. Es ist zum einen abhängig vom Aufbau und den chemischen Eigenschaften des Gesteins, dem örtlichen Klima (Temperaturen, Niederschlag), der Vegetation (Nackter Karst, Bedeckter Karst), und zum anderen von der tektonischen und hydrogeologischen Situation (DUDECK a).

3.1 OBERIRDISCHE FORMEN

Oberirdische Formen des Karstformenschatzes sind Karren, Karstschlote, Dolinen, Poljen, Uvalas (ZEPP, 241) und *Trockentäler.* Trockentäler sind Täler in Karstlandschaften, die entweder vollständig oder teilweise nicht mehr von Bächen oder Flüssen durchflossen werden. Dies geschieht dann, wenn der Bach oder Fluss aus einer wasserundurchlässigen Schicht kommend eine wasserdurchlässige Schicht anschneidet. Es gibt aber auch Trockentäler, die vollständig in Kalkgestein angelegt sind. Deren Entstehung hängt mit den periglazialen Bedingungen während der Kaltzeiten zusammen. Durch Permafrostboden im Untergrund und sommerlichem oberflächlichem Auftauen des Bodens konnte der Bach oder Fluss sein Tal durch Erosion bilden (MACHATSCHECK, 120).

Allgemein ist die Ausprägung von Trockentälern in Karstlandschaften ein Indiz dafür, dass der Untergrund des jeweiligen Gebietes in seiner früheren Formenentwicklung nur gering durchlässig war. Trockentäler stehen allerdings nicht immer mit dem Phänomen der Verkarstung in direktem Zusammenhang. Trockentäler können auch auf Sandsteinen vorkommen, zum Beispiel bei der Absenkung des Grundwasserspiegels aufgrund einer Absenkung des Vorfluters (AHNERT, 312).

3.1.1 NACKTER KARST

Charakteristisch für *Nackten Karst* sind die Lösungserscheinungen des freiliegenden Kalkgesteins an der Oberfläche. Und zwar durch die sogenannten *Karren* (Abb. 4) oder *Schratten* (gebräuchlich in der Schweiz) oder *lapiés* (fr.). Nackten Karst findet man insbesondere in den Kalkhochgebirgen und den dinarischen Ländern (Machatschek, 118).

Im Nackten Karst gelangt das Regenwasser mangels einer Speicherung im Erdboden sofort in den Karstkörper. Dadurch erhöht sich die Erosion in den Höhlen. Gleichzeitig spielen jedoch die Huminsäuren und das Kohlendioxid aus dem Boden, das einen wesentlichen Anteil am korrosiven Entstehen von Höhlen hat, keine Rolle mehr. Dadurch wird die Korrosion deutlich verringert.

In diesem Zusammenhang kommt es zu bedeutenden Auswirkungen auf die Entstehung von Tropfsteinen (? 3.2). Tropfsteine entstehen durch das Entweichen von CO_2 aus dem Tropfwasser und die daraus folgende Ausfällung von Kalk. Kohlendioxid entweicht aus dem Wasser, wenn der Partialdruck im Wasser höher als der der Höhlenluft ist. Somit muss also der CO_2-Gehalt im Wasser vorher erhöht gewesen sein. Die Erhöhung des CO_2-Gehalts geschieht typischerweise im Boden durch Bodenorganismen. Das CO_2 führt zur entsprechenden Lösung von Kalk, entweicht aber in der Höhle in die Höhlenluft. Es kommt zu Kalkablagerungen. Wenn Humus fehlt, ist der CO_2-Gehalt, wenn überhaupt, dann nur wenig erhöht. Dementsprechend entweicht auch kein oder nur wenig Kohlendioxid an die Höhlenluft. Also kann auch keine Tropfsteinbildung ermöglicht werden (DUDECK, c).

3.1.1.1 KARREN

Allgemein sind „*Karren* Kleinformen der Korrosion auf den löslichen Gesteinen, sei es auf nackten Gesteinsflächen, sei es unter teilweiser bzw. vollständiger Bodenbedeckung durch Vegetation und Boden" (PFEFFER, 29). Die Größenverhältnisse von Karren liegen bei wenigen Zentimetern bis einigen Metern. Sie entstehen durch Lösung an der Gesteinsoberfläche. Je nach Struktur und je nach Neigung der Oberfläche können verschiedene Karrenformen entstehen (AHNERT, 313):

Freie Karren sind die direkt dem Einfluss des abfließenden Regenwassers ausgesetzten Formen. Karren werden nach ihrer Form, ihrer Tiefe, ihrem Grundriss und ihrer Anordnung typisiert (ZEPP, 241).

Abb. 4 Karren

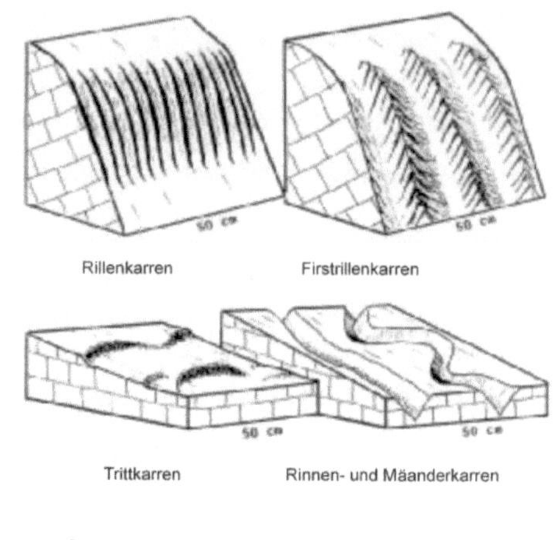

(Borsdorf & Hoffert, 33) ?

(GRUPPO AMICI DELLA MONTAGNA, http:// www.venadel

gesso.org/testi/carsismoespeleologia/forti/karren.jpg)

Das Fehlen der Vegetation ist auf Erosion zurückzuführen. In den meisten Fällen ausgelöst durch Überweidung, Rodung oder Abholzung durch den Menschen. Ohne die schützende Vegetation wird die Erde meist sehr schnell abtransportiert. Vegetation kann nur dann wieder entstehen, wenn die Verkarstung wenig fortgeschritten und das Grundwasser noch nahe der Erdoberfläche ist und somit keine geschlossene Vegetationsdecke entstehen kann. Wenn Karstgebiete durch einen sinkenden Grundwasserspiegel und fortschreitende Verkarstung immer wasserloser werden, ist die geschlossene Vegetation in gemäßigten Klimazonen durchaus in der Lage einen relativ stabilen Zustand aufrecht zu erhalten. Das notwendige Wasser wird im Humus gespeichert. Doch sobald diese Situation vom Menschen gestört wird, kann die Entwicklung zu Desertifikation führen. Nur in Hohlformen des Karstes können Reste des Humus erhalten bleiben, welche dann auch durch den Menschen genutzt werden können.

So entstand auch der Begriff *Polje* in Slowenien: Polje bedeutet Feld. Hierbei handelt es sich um Felder am Grunde von Karsthohlformen (? 3.1.2.1). In Slovenien entstand der nackte Karst bereits vor mehr als 2000 Jahren, als die Römer begannen, Bäume für den Schiffsbau abzuholzen. Auch wenn der nackte Karst baum- und graslos erscheint, so gibt es doch in Karren und Rinnen immer wieder Pflanzen und Tiere. Dabei handelt es sich um besondere, an die außergewöhnlichen Bedingungen mit extremer Hitze, Kälte, hohen Niederschlägen und Trockenperioden angepasste Lebensformen, welche sehr selten und daher besonders schützenswert sind. Karstgebiete werden daher in vielen Ländern der Welt als Naturschutzgebiete geschützt (DUDECK c).

Lochkarren zeichnen sich durch eine rundliche bis ovale Hohlform in der Gesteinsoberfläche aus mit einer Größe von wenigen Zentimetern in der Breite bzw. im Durchmesser bei einer allerdings mächtigeren Tiefe. Sie entstehen auf Nacktem Karst dadurch, dass das in Vertiefungen stehende Regenwasser Lösungsvorgänge verursacht. „Unter einer Bodendecke entwickeln sich Lochkarren noch intensiver in das Gestein hinein und verknüpfen sich zu kommunizierenden Hohlräumen" (AHNERT, 313).

Rillenkarren entstehen auf kahlen, kluftfreien und geneigten Gesteinsflächen. Die Formgebung geschieht dabei durch das Abfließen des Regenwassers bzw. durch dessen Lösungstätigkeit. Der Durchmesser der Rillen, die mehr oder weniger parallel zueinander in Richtung des Gefälles verlaufen beträgt meist nur wenige Zentimeter. Die Ausdehnung im Zentimeterbereich kann nur dann überschritten werden, wenn „die Größe und Häufigkeit der Abflussereignisse und hohe Löslichkeit des Gesteins ihre Bildung begünstigen und die Entwicklung schon lange andauert" (AHNERT, 313). Größere Rillenkarren werden auch als *Rinnenkarren* oder, je nach ihrem Verlauf als *Mäanderkarren* bezeichnet.

Kluftkarren können in ihren ersten Entwicklungsstadien den Rillenkarren ähneln. Im Gegensatz zu den Rillenkarren verlaufen sie aber nicht entlang des Gefälles an der Oberfläche sondern entlang der Klüfte. Durch die Kluftkarren wird das Regenwasser sofort in die Tiefe geleitet, was einen Oberflächenabfluss verhindert (AHNERT, 313).

3.1.2 BEDECKTER KARST

Von *Bedecktem Karst* spricht man, wenn die verkarstete Fläche nachträglich mit jüngerer Sedimenten, z.B. Löß, überlagert worden ist (ZEPP, 241). Der Begriff *bedeckter Karst* ist das Gegenstück zum nackten Karst. Hiermit ist die Bedeckung mit Boden und Vegetation gemeint. Während beim nackten Karst physikalische Prozesse ablaufen, die die Bildung und Entwicklung des Karstes beeinflussen, kommen beim bedeckten Karst die Einflüsse der Vegetation hinzu. Wichtig dabei sind die Säuren, die durch die Pflanzen und Tiere erzeugt und an das Regenwasser abgegeben werden (DUDECK b).

Auf bedeckten Oberflächen ist immer ein gewissen Maß an Feuchtigkeit (im Boden) garantiert. Ausserdem verstärken organische Säuren und das reichliche Vorhandensein an Kohlendioxid die Aggressivität des Wassers und somit die Intensität der Lösungsprozesse (SUMMERFIELD, 150). Bedeckter Karst entwickelt sich sozusagen von selbst, da der Boden im wesentlichen aus den Verwitterungsprodukten des verkarsteten Gesteins besteht. Dabei handelt es sich um diverse Tonminerale; Schichtsilikate, die im Boden die Rolle des Nährstoffspeichers übernehmen. Ausserdem spielen verschiedenste Mineralstoffe und Spurenelemente eine wichtige Rolle. Meist ist auch ein größerer Anteil Eisen vorhanden. Diese Verwitterungsprodukte dienen den Pflanzen als Lebensgrundlage, die wiederum absterben und Humus bilden. So kommt es schließlich zur Bildung einer geschlossene Vegetationsdecke (DUDECK b).

Abb. 5 Bedeckter Karst

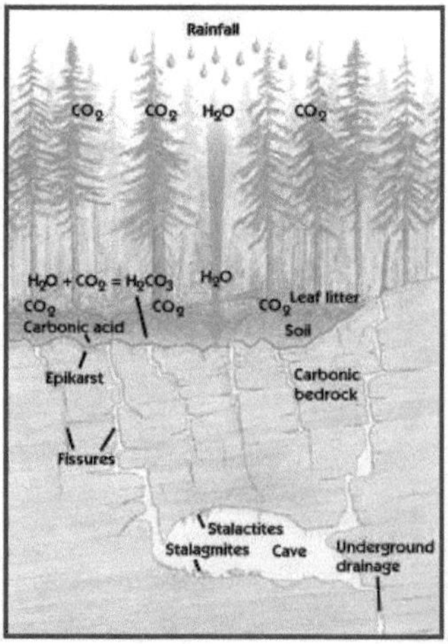

(GILLIESON, D.)

3.1.2.1 POLJEN

Poljen sind die größten geschlossenen Karsthohlformen. Die Ausdehnungen sind hier in der Größenordnung von einigen Kilometern. Poljenböden sind flach und von Sedimenten bedeckt. Diese werden von den seitlich umgebenden Hängen abgetragen und auf den Poljenböden abgelagert. Echte Poljen besitzen keinen oberirdischen Abfluss. Wird eine Polje aber von einem Wasserlauf durchquert, der in Form von Karstquellen zutage tritt und wieder in einem *Ponor* (tiefste Stelle des Polje), so wird auch von einer *offenen Polje* gesprochen. Die Längsachse eines Polje richtet sich in der Regel nach der Streichrichtung der geologischen Strukturen. Bei den *Korrosionspoljen* handelt es sich um „Lösungs- und Einsturzformen", die sich „ohne nennenswerten Struktureinfluss entwickelt haben" (AHNERT, 317f.). Korrosionspoljen sind wesentlich kleiner als strukturabhängige Poljen. Sie können durch das Zusammenwachsen mehrerer *Uvalas* oder durch Lösungseintiefungen eines ehemaligen Trockentals entstehen.

Abb. 6 Polje de Líbar (Malaga)

(EspeleoClub Karst)

3.1.2.2 DOLINEN

Dolina ist das slowenische Wort für Tal. CVIJIC (1893) führte das Wort *Doline* ein (engl. *sink hole*)
Es bezeichnet trichter-, kessel- oder schüsselförmige geschlossene Hohlformen mit fas
kreisrundem Grundriss mit einigen Metern bis zu Hunderten von Metern Durchmesser. Sie verfüger
über einen unterirdischen Abfluss und einen Durchmesser, der größer ist als die Tiefe (PFEFFER
30). Es gibt *Lösungsdolinen* (engl. *solution sinks*) und *Einsturzdolinen* (engl. *collapse sinks*)
Lösungsdolinen entstehen vor allem an Kreuzungsstellen zwischen Klüften oder Kluftscharen (?
Abb. 8) . Hier wird mehr Angriffsfläche geboten, sodass eine besonders starke Lösungsabtragung
mit einem Transport des Materials in das Gestein Richtung Grundwasser stattfinden kann.

Abb. 7 Einsturzdolinen in Didyma (Griechenland)

(WIKIMEDIA FOUNDATION)

An diesen Punkten kann daraufhin die Oberfläche leicht tiefergelegt werden. Hat eine Absenkung
der Oberfläche erst einmal begonnen, so fließt das Regenwasser in die Mitte der Einsenkung
(tiefste Stelle). So erweitert sich der Bereich zum Zentrum der Doline hin, wohin der Transport des
Lösungsabtrags bis in den Karstschlot hinein erfolgt. So wächst mit der Zeit die Größe der Doline.
Lösungsdolinen findet man in Form flacher Senken und in Form tiefer Trichter. Einsturzdolinen
entstehen im Gegensatz zu Lösungsdolinen durch den Zusammenbruch einer Höhlendecke. Die
Doline ist zunächst ein offenes Loch. Später stürzen Decken- und Seitenteile ein, die der Doline
ihre Trichterform geben.

Als *Erdfall* werden Dolinen bezeichnet, die an der Erdoberfläche von einem nichtlöslichem, also nicht verkarstungsfähigem Gestein überlagert werden, dessen Decke ebenfalls nachstürzt. Ein Einsturz in eine wassergefüllte Höhle kann zur Entstehung von *Cenotes* führen, welche auf der Halbinsel Yucatàn (Mexiko) weit verbreitet sind. (SUMMERFIELD,150).

Wenn sich die Ränder zweier oder mehrerer Dolinen treffen, so bilden sich sogenannte *Uvalas*. Uvalas können sowohl aus Einsturz- als auch aus Lösungsdolinen entstehen. Größere Uvalas werden als *Karstwannen* bezeichnet (AHNERT, 316f.).

Abb. 8 Karstlandschaft schematisch

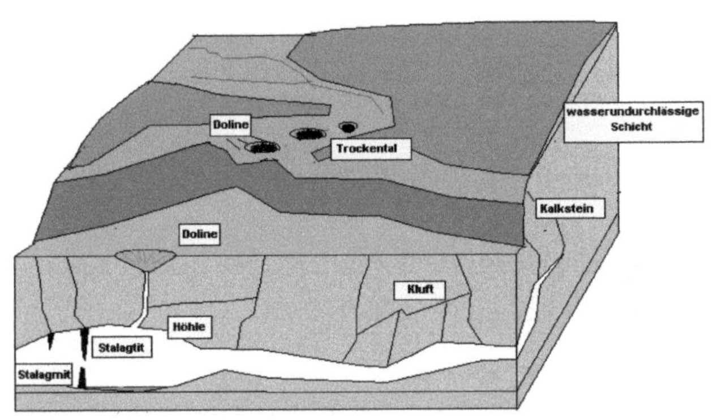

(nach Heim.)

Grundsätzlich hängen die Abstände zwischen den einzelnen Dolinen von der Lage und Häufigkeit der Kluftkreuzungen ab. Damit Dolinen aber überhaupt entstehen können ist vor allem das Vorhandensein von ausreichend Wasser notwendig. Nicht an jeder Kluftkreuzung kann eine Doline entstehen. In Niederschlagsreichen Regionen sind die Dolinen nicht nur häufiger sondern auch größer. Noch aktiver, also sich noch weiter entwickelnder Karst, kommt in Gebieten mit mehr als 1000 mm Jahresniederschlag zwischen 45° nördlicher und südlicher Breite vor (AHNERT, 318).

3.1.3 EXTREMFORMEN DER KARSTENTWICKLUNG

Befinden sich Dolinen dichtgedrängt nebeneinander, so kann sich der normalerweise kreisrunde Durchschnitt zu einem hexagonalen wandeln. Es entsteht *polygonaler Karst*. Je nach geologischer Struktur variieren die Durchmesser. Mächtige Gesteinsschichten (z.B. paläozoische Kalke in China mit 1000m ? mittlere Durchmesser von 400m) bedingen große Durchmesser, weniger mächtige Schichten bedingen geringere Durchmesser (z.B. neuseeländische Kalke aus dem Oligozän 100m ? 40 m Durchmesser).

3.1.3.1 COCKPITKARST UND KEGELKARST

Aus Dolinen kann sich auf verschiedene Weise *Cockpitkarst* entwickeln. Wenn ein Dolinenboden das Grundwasserniveau erreicht, kann keine weitere Vertiefung stattfinden. Daher können die Wände bzw. Hänge lediglich unterschnitten und somit versteilt werden. Auch eingeschwemmte Sedimente, wie beispielsweise Tone können durch Stauung eine Ausweitung des Bodens herbeiführen. Ausserdem kann das „Auftreffen" des Dolinenbodens auf ein nicht verkarstungsfähiges Gestein die weitere Vertiefung verhindern und die seitlichen Hänge versteilen. Auch so vergrößert sich die Bodenfläche allmählich.

Cockpits haben ähnliche Durchmesser wie Dolinen aus dem polygonalen Karst. Sie haben einen flachen Boden, der im Vergleich zu einer Doline allerdings deutlich ausgeweitet ist. Die Hänge des Cockpits bestehen aus mehreren nach innen konvex gewölbten Segmenten. Aus der Ausweitung des Cockpitbodens resultiert wiederum die Entstehung von Karstebenen (? Abb. 9). Durch weitere Ausdehnung der Cockpitböden kommt es zu Vereinigungsprozessen. Einzelne ehemalige Umrandungen der Cockpits bleiben in der Folge als Kegelkarst bzw. *Turmkarst* erhalten (AHNERT, 318ff.). Besonders ausgeprägter Turmkarst ist beispielsweise in Thailand oder Südchina zu finden (ZEPP, 244).

Abb. 9 Die Entstehung von Cockpits und Kegelkarst

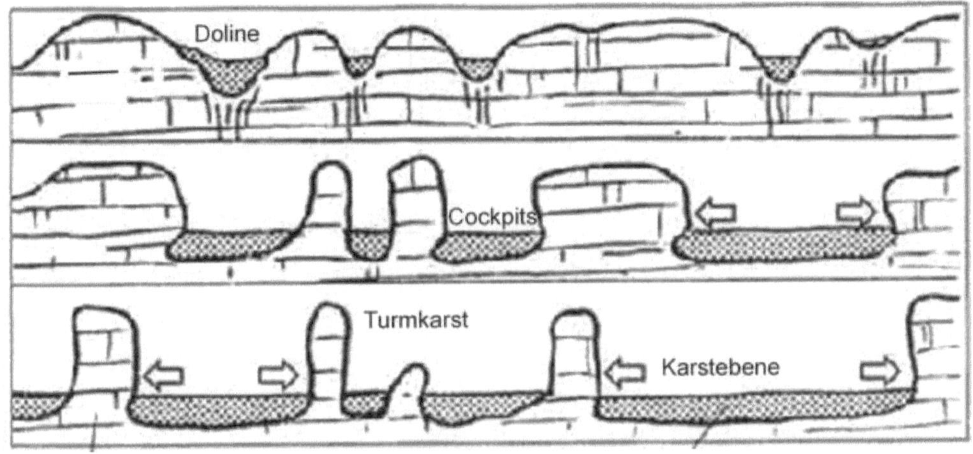

(nach Eichler, 1999)

Der Grad der Ausgeprägtheit von Kegeln und Türmen richtet sich nach der Länge der Entwicklungszeit, der Mächtigkeit der Kalke, der Intensität der tektonischen Hebung und der geologischen Struktur. Cockpitkarst, Turmkarst und Kegelkarst entwickeln sich nur in reinen und sehr mächtigen Kalken. Ihre Verbreitung ist auf feucht-warme bzw. wechselfeuchte Klimate mit mindestens neun humiden Monaten jährlich beschränkt (Pfeffer, 31ff.).

Abb. 10 Kegelkarst in Chiapas

(Borsdorf & Hoffert)

3.2 UNTERIRDISCHER KARST

Unterirdischer Karst ist der Überbegriff für fast alle Phänomene des Karstformenschatzes, die mi
Karsthöhlen in Zusammenhang stehen (ZEPP, 241).

3.2.1 HYDROLOGISCHE VORAUSSETZUNGEN

Grundvoraussetzung für die (Weiter-)Entwicklung von Karst ist Tiefensickerung und Abfluss des
Wassers. Nach jedem Niederschlag fließt das kohlendioxidhaltige Wasser von der Oberfläche ir
das Kluftsystem, bis es den Grundwasserspiegel erreicht (? Abb. 5). Unterhalb des
Grundwasserspiegels befindet sich das Kalkwasser im Gleichgewicht. Darüber findet Korrosion
durch das immer wieder nachsickernde Wasser statt. Das Karstwasser tritt in einem offenen
Kluftsystem später wieder an einer Karstquelle aus.

Zur Verfolgung des Wassers vom Eintritt in den Boden bis zum Austritt in Quellen und Gewässern
werden Markierungsstoffe, sogenannte *tracer*, verwendet (RICHTER & LILLICH, 223f.).

Gesteinslösungen in Klüften und Schichtfugen führen zu einer Entstehung von Hohlräumen. In den
meisten Kalken verlaufen die gebildeten Klüfte in einem Netz mehr oder weniger rechtwinklig
zueinander verlaufender Spalten, aus deren Erweiterungen Höhlengänge hervorgehen. Ar
Kreuzungspunkten, an denen viel Wasser geführt wird können sich durch fortschreitende
Lösungsvorgänge Höhlenkammern bilden. In Karsthöhlen werden Gänge bzw. Gangsysteme von
mehreren hundert Kilometern Ausdehnung erreicht. Höhlengänge entstehen in der Regel auf Höhe
des Karstwasserniveaus (AHNERT, 322).

Der Bereich unterhalb des Karstwasserniveaus wird als *phreatische Zone* bezeichnet. Hier sind
alle Hohlräume mit Wasser gefüllt. Die Karstwasserfläche ist allerdings nicht einheitlich auf
gleichem Niveau. Aufgrund der unterschiedlich großen Klüfte, Spalten und Schächte und der damit
verbundenen Druckunterschiede ergeben sich oft erhebliche Unterschiede bzgl. des
Wasserstandes. Bei einem größerem Durchmesser innerhalb des unterirdischen Röhrensystem
verlangsamt sich die Fließgeschwindigkeit, der Druck jedoch nimmt zu. Verengt sich der
Durchmesser geschieht das Gegenteil. Somit steht das Wasser in engen mit der Bodenoberfläche
in Verbindung stehenden Spalten niedriger als an weiten.

Oberhalb der phreatischen Zone (gr. phrear = Brunnen) befindet sich die *vadose Zone* (seichte Zone). Die vadose Zone ist der Bereich, in dem das Wasser in die hauptsächlich mit Luft gefüllten Hohlräume abwärts sickert (Zepp, 236f.). Die durchschnittliche Gesamthöhenlage der Karstwasserfläche hängt vor allem von der Höhenlage des Vorfluters ab, „zu dem hin die Karstquellen das System entwässern" (AHNERT, 323).

3.2.2 KARSTHÖHLEN

Wenn die Kalklösung nicht flächenhaft, sondern entlang von Klüften und Spalten im Untergrund erfolgt, bilden sich unterirdische Höhlungen. Sie werden durch fortschreitende chemische Lösung, aber auch durch zusätzliche Prozesse, wie den Einsturz von Dachbereichen oder mechanischen Abrieb durch strömendes Wasser erweitert. Im Laufe von vielen Jahrtausenden können sie sich zu Höhlenkomplexen entwickeln. In Karsthöhlen entstehen Tropfsteine. Erreicht das kalkhaltige Niederschlagswasser die Höhlendecke, diffundiert Kohlendioxid in die Höhlenluft, weil diese im Gegensatz zum Bodenbereich einen geringeren CO_2-Gehalt hat. Dies führt zur Ausfällung von Kalk. An der Höhlendecke entsteht ein *Stalaktit*, der von oben nach unten wächst. Schlägt der Wassertropfen auf den Höhlenboden auf, beginnt die Bildung eines Stalagmiten. Sobald der Wassertropfen den Boden berührt und zerspringt wird nämlich wieder CO_2 abgegeben und Kalk abgeschieden. Der *Stalagmit* wächst so im Laufe der Zeit von unten nach oben (ZEPP, 244f.).

Dieser Prozess kann soweit gehen, dass Stalagtit und Stalagmit miteinander verwachsen. Es entsteht ein säulenförmiger Stalagnat (PRESS & SIEVER, 267).

Höhlen entstehen bevorzugt in Bereichen der Karstwasseroberfläche. Nicht selten findet man in Karstgebieten die Ausbildung mehrerer Höhlenniveaus übereinander.

4 LITERATUR

AHNERT, F. (1996): Introduction to Geomorphology. – Eugen Ulmer Verlag.

BRINKMANN, R. (Hrsg.) (1974): Lehrbuch der Allgemeinen Geologie. – Ferdinand Enke Verlag, Stuttgart.

DAY, M. (1996): Konservation of Karst in Belize. - Journal of Cave and Karst Studies 58(2): 139-144.

HERAK, M. & V.T. STRINGFIELD (1972): Karst. – Elsevier Publishing Company; Amsterdam London, New York.

LESER, H. (2003): Geomorphologie. - Westermann Verlag, Braunschweig.

MACHATSCHEK, F. (1973): Geomorphologie. – Teubner Verlag, Stuttgart.

PFEFFER, K.H. (1978): Karstmorphologie. – Wissenschaftliche Buchgesellschaft, Darmstadt.

PRESS, F. & R. SIEVER (1995): Allgemeine Geologie. – Spektrum Akademischer Verlag Heidelberg, Berlin, Oxford.

REEDER, P. ET AL. (1996): Karstification on the Northern Vaca Plateau, Belize. – Journal of Cave and Karst Studies 58 (2): 121-130.

RICHTER, W. & W. LILLICH (1975): Abriß der Hydrogeologie. – E. Schweizerbart'sche Verlagsbuchhandlung, Stuttgart.

SUMMERFIELD, M.A. (1991): Global Morphology. – Pearson Education Ltd., Harlow, England.

STRAHLER, A. (1999): Physische Geographie. – Eugen Ulmer Verlag, Stuttgart.

ZEPP, H. (2003): Geomorphologie. – Verlag Ferdinand Schöningh, Paderborn.

4.1 Internet - Quellen

Borsdorf, A. & Hoffert, H. (2004): Naturräume Mittelamerikas – Von Feuerland bis in die Karibik. Geomorphologie. – URL: http://www.lateinamerika-studien.at/content/natur/natur/natur-titel.html. Stand: 10/04.

Coles, R. (2003): cancaver. - URL:http:// www.cancaver.ca/karst.htm. Stand: 09/04

Gruppo Amici della Montagna – Comune di Ravenna (2004): La Vena del Gesso romagnola. – URL:http://www.venadelgesso.it. Stand 10/04.

Dudeck, J. (2004 a): showcaves:URL:http://www.showcaves.com/german/explain/Karst/Karst.html. Stand: 09/04.

Dudeck, J. (2004 b): URL:http://www.showcaves.com/german/explain/Karst/CoveredKarst.html. Stand: 09/04.

Dudeck, J. (2004 c): URL:http://www.showcaves.com/german/explain/Karst/BareKarst.html. Stand: 09/04.

EspeleoClub Karst (2004): URL:http://www.terra.es/personal/ mbv00003/images/Polje.gif). Stand: 09/04.

Gillieson, D. (2004): Deptartement of Geography & Oceanography, University of New South Wales, Canberra, Australia. URL: http://earthsci.org/geopro/karst/illustra.jpg, Stand: 08/2004.

Gruppo Amici della Montagna (2004): URL: http:// www.venadelgesso.org/testi/carsismoespeleologia/forti/karren.jpg), Stand 09/04.

Heim, B. (2000): URL: http://www.zum.de, Stand 08/04.

Wikimedia Foundation Inc (2002): Wikipedia. – URL: http:// de.wikipedia.org/wiki/Bild:Doline-1.jpg. Stand 10/04.